无印良品
高效收纳法则

［日］须原浩子　著

刘美凤　译

北 京 出 版 集 团
北京美术摄影出版社

序言

我拜访了 3 位达人的家，甚至还厚脸皮地让人家展示了她们的抽屉，
其户型、家庭成员结构和所在地区各不相同。
不管东西多少，不管是整洁第一还是其他优先，
在收纳和室内装饰上，每个人都有智慧，也有巧思，
房屋布置得收拾起来毫不费力，会让人心情愉快，生活惬意。

热爱生活的心情，会在家和房间上体现出来。
家和房间跟人一样，也有个性。

但是，随着时间的推移，工作、生活、家人和自己，都会发生变化。

因此，生活中的烦闷会增加，苦恼也会出现。

随时随地保持完美的状态并不容易。

尽管如此，布置房间时，有的人总能找到现在的"最佳状态"，

她们的家，看上去熠熠发光。

那里就有——无印良品的存在。

容易杂乱的生活如何整理？

工具有时候会带来"不一般的力量"。

请阅读各个家庭的巧思妙招，这会让您的生活变得无可替代。

怎样做到让家人帮忙整理？

家务变轻松的秘诀是什么？

什么才是不会凌乱的房间？

如何打造宽敞舒适的生活？

如何跟物品打交道？

对于这些问题，这本书肯定能够给您带来很多很多灵感。

须原浩子

目录

生活达人的
房间整理法则

我拜访了 3 位简约生活达人，
聆听了她们整洁有序、令人倍感舒适的房间整理法则。
在房屋和生活方式上，三人三样。
在她们为了丰富每天的生活而花费的精心巧思中，都闪现着无印良品的身影。

山口势子女士
少物生活的房间整理法则

山口女士的家在大分县，
充满自然的气息。
利用严格甄选的物品，
通过精妙的巧思，
她把生活装点得轻盈有致。
房间的整洁程度一目了然，
物品数量保持精简，
同时生活又不失丰盈和充实，
洋溢着一股严谨的透明感。

山口势子（Seiko Yamaguchi）
1977年生。主持博客"少许
物品，轻松生活"。24岁结婚。
在工作的同时，30岁作为漫画
家出道。目前为了育儿，做了
一名专业主妇。现与丈夫、一
双儿女和公婆共同居住。

"建立家人无困扰的机制，
  或许是我在家庭当中的职责。
  整理清扫轻松完成，心情会很愉快"

" '用品' 扮演主要角色、内容物 一目了然的收纳用品，就是我的大爱"

"跟家人一起生活，不收拾、不知道物品位置的情况使生活多有不便，这是促使我在生活中践行简洁收纳原则、对物品进行'精简'的契机"，山口女士如是说。由于精心修补的过程中暴露出来的"不便"，山口女士的家中布满了各种巧妙的心思。一旦家里有人问东西放在什么地方，她就会逐渐调整，直到不再需要寻找。"如果因为不整理而使家人之间疙疙瘩瘩，就太不值当了（笑）"。山口女士言谈开朗，从其笑容中，你能感觉到她为了家人生活方便，不惜花费心思的态度。

可看到内容物的收纳物较多——这也是她的小心思之一。"透明、半透明的收纳物扮演着主要角色，看上去一目了然，清爽干净。"许多放在透明收纳盒中的工具看上去像标本一样，闪闪发光，非常美观。

①

②

① 书籍也用透明的"亚克力分隔架·3格式"进行区分。组合运用"聚丙烯收纳盒·抽屉式"，物品隐约可见，能够做到直观整理　② 家中所有成员都会用到的物品，使用可看到内容物的"亚克力盒"归置。要用的东西在什么地方，不管是谁，都一清二楚

① 餐具使用频率高，采取无须担心落灰的开放式收纳，家人整理起来也很方便 ② 灶台下的搁架，使用"亚克力手纸盒"归置厨房纸

"快速拿取，马上工作，整理迅速。
无限开放式收纳，
就是房间井井有条的秘诀"

　井井有条的厨房，几乎都是开放式收纳，这一点令人颇感意外。"餐具无须开门就能拿取，整理时放回原位即可。由于动作少，所以准备和整理工作都很轻松。"因为东西数量不多，所以清洁工作基本上只要使用抹布和水仔细擦拭就能完成，无须大张旗鼓维护。清洁用具和购物包等常用物品悬挂收纳，不直接放在搁架或者地板上，不仅拿取方便，还能为清洁工作减少麻烦。由于厨房每天都会使用，所以烹饪和清扫都很重视可以"马上工作"这一点。恪守原则：开放状态，但保持整洁。

① 锡纸挪到"聚丙烯保鲜膜盒"内，空间顿时清爽无比　② 如果是"带磁石保鲜膜盒"，还能收纳于冰箱侧面　③ 分类垃圾使用"聚丙烯可选盖子的垃圾箱·大"盛放　④ 常用物品放在"木制·方形托盘"内，自成一组　⑤"实木长凳·橡木·小"临时放置购物篮　⑥ 悬挂收纳交给"壁挂式家具"。随着个人喜好，处处都能变身收纳场所

①

②

③

④

⑤

⑥

法则 3

"物品一律贴上标签，简洁明了，家人用起来也方便"

据介绍，在卫浴间，使用不锈钢丝筐对清洗衣物进行分类非常方便。"篮筐挂上绘有插图的卡片，看上去一目了然"——我有幸欣赏到了山口女士精心制作的可爱插画卡片。这个创意无须语言却充满趣味，网状结构，可以看到内容物，一眼就能知道应该使用哪个篮筐。

家人的贴身衣物收纳于半透明抽屉内。每人一层，抽屉上贴有标签，物品主人和内容标得清清楚楚。这样一来，家中每个人就能自由进行个人收纳。这款收纳物相当简约，小小的抽屉整齐排列，不仅洗完澡后取用方便，洗衣后整理起来也相当简单。家中随处挂有充满童趣的手制卡片，里面寄托的是对家人浓浓的爱意："你在我心里很重要。"

①

②

③

① 卫生间使用"不锈钢丝筐"，透气性好，使用方便 ② 全家贴身衣物收纳于"聚丙烯组合式4轮储物柜"内，每人一层 ③ 零碎物件较多的梳妆用品使用"聚酯纤维棉麻混纺软盒·长方形·半型·小"归置

14

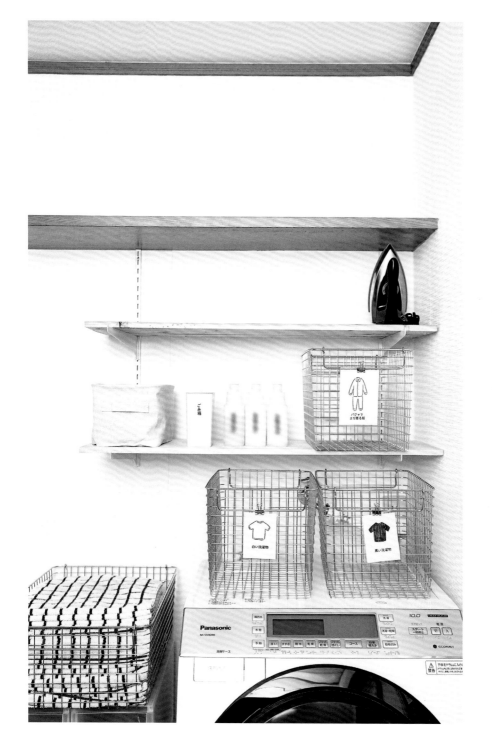

尾崎友吏子女士
家务变轻松的房间整理法则

尾崎友吏子女士现居大阪府，

现住房属于最低限度所需的3室2厅1厨1卫。

抚育3个孩子，

同时是一名在职妈妈，

在这样的生活状态下，

正因为每天都要做，所以才产生了不必用力过度，

一丝不苟，又能开心生活的智慧。

尾崎友吏子（Yuriko Ozaki）
1970 年生于神奈川县。现居大
阪。主妇经历 20 年，育儿经
历 17 年。工作的同时，还是 3
个男孩的母亲。2012 年起，主
持人气博客"cozy-nest 小而精
致生活（http://www.cozy-nest.
net）"。此外，还执笔著书。

"即使每天忙忙碌碌，也要简单、轻松，
　一丝不苟。
　家中每个人分别动手，自行打理非常重要"

法则

1

"贯彻'拿后放回'的原则。
整理就是，用心做到流畅无阻"

　　"孩子上补习班的时候，我每天要做4次晚饭。"抚育3名正在长饭量的男孩的同时，还要工作，对于尾崎女士来说，要让每天的生活充实丰富，重点就是"安排"。尾崎女士的母亲也是上班族，吃着妈妈做的饭菜长大的她深受影响，所以，她在饮食生活上的方针是：健康、安全、好吃。

　　厨房是日常生活的核心，正因如此，尾崎女士一直贯彻"拿后放回"的原则。此外，她还专心建立方便打理的机制。常温保存的蔬菜和调味品经常使用，只要放在藤编篮内即可，不仅拿取方便，整理起来也很轻松。架子上不放多余之物，过高的隔层使用亚克力板隔开，或者分区整理。平时"拿后放回"的原则之所以能够轻松得到贯彻，与这些小心思息息相关。

① 刀叉筷箸使用"木制盒"等物分类隔开，不会混杂，拿取方便
②③ 零碎分类的垃圾、频繁取放的蔬菜和调味品放入"可叠放长方形藤编篮"内。由于使用频率较高，故收纳在视线水平位置，拿取自如

①

②

③

④ 堆叠过多会拿取不便的盘子，使用"亚克力分隔架"设置专区
⑤ 配餐时使用的菜谱，装到"聚丙烯相册·2格·对开式（2格·136张·双面）"内，统一放在橱柜上

18

④

⑤

"洗后衣物不折叠，作悬挂式收纳，孩子们可以自行完成"

　　家有 3 个男孩，尾崎女士家中的洗衣量也很可观。所以，她采取的方式是，衣物清洗后，挂到衣架上直接收纳，各人可自行挑选替换。"脱下后需马上清洗的衣物直接放入洗衣网兜内，不需马上清洗的睡衣等物放到藤编篮内。"据她介绍，家中并未准备脏衣篮。衣柜处同样放着篮筐，用以临时存放脱下的衣服。

　　除此以外，为了便于房间整理，洗脸台水槽下方放着一个出人意料的物件。"家中所收邮件需要先做一下分类；并且，相比玄关，废纸筐放在衣帽架处，离客厅更近，更方便"，尾崎女士向我展示了一下其中的内容。不囿陈规，采取机制符合房屋布局和家人行动方式，构思合理，没有浪费，她真的是一名认真生活的实践者。

①

②

③

① 位于玄关和客厅间衣帽架处的邮件和废纸筐。邮件放在这里处理最合适不过　② 洗发水等物也用"可叠放藤编方形篮"保存管理。据介绍，储备原则是不超过可容纳量　③ 衣柜处的临时存放同样使用藤编篮

归置

"希望孩子能够自理，所以在收纳上，充分考虑日常行动"

在家人聚在一起的客厅和餐厅，收纳仅在沿墙壁摆放的柜子下方进行。收纳空间加以控制，以免增加多余之物，同时又结合日常行动，固定物品位置，使它们各得其所。需在餐厅使用的文具书籍放在柜子下方第一层隔板上。儿子喜欢的围棋套装较重，利用电视机旁的微小空间，灵活收纳。尾崎女士说："东西放在便于拿取的位置，是为了能够让客厅和餐厅时光变得更加轻松。"诚如斯言，宽敞的榻榻米地板上空无一物，柜子收纳设有充分的必需空间。与此相对，耐储存的点心和罐头则统一归置，放到位于玄关一侧衣帽架处的收纳盒内，吃的时候取出即可。这样一来，厨房总是井井有条。房间整理到位是第一步，它为家务和清洁工作变轻松打下了良好的基础。

①

②

① 在餐厅伸手可及的位置上，摆放着用"木制盒"归置的文具用品　② 储备食材买回来后，顺手放在玄关一侧的衣帽架处，使用"可叠放藤编长方形篮"分门别类　③ 电视柜旁，用"可叠放藤编长方形篮·小"收纳 DVD、游戏光盘等物

③

④

归置

④ 小夜灯、眼镜等睡前使用物品放在"藤编手纸盒"内，代替收纳物使用 ⑤ 大件玩具归拢放在"松木收纳箱·带脚轮"内

⑤

23

Mujikko（"无印子"）女士
瞬时完工的房间整理法则

Mujikko女士——
"无印人"的代名词、超人气博主。
收纳要有功能性、室内设计需舒适、
家人能够充分放松……
理想房间的
实现秘诀是什么？
我有幸得以充分感受。

Mujikko
博客"良品生活"拥趸无数，播报无印良品的商品使用感受等内容。与丈夫、上小学的儿子和上托儿所的女儿一起住在熊本县。一级整理收纳顾问、整理收纳咨询师、二级亲子整理教练。

"孩子渐渐长大，
生活方式随着工作不断变化……
感觉到这些变化后，我就会对物品收纳方式
和位置做出调整"

法则

1

"不积物，不存灰，
整理工作迅速完成"

　　我去拜访了超人气博客"良品生活"主持者 Mujikko 女士。令人感到意外的是，按照其本人的说法，就是"容易厌倦型人格，非常热衷改变"。她说，遍历亚洲和中世纪风格的室内装饰之后，自己的体会是，低调温和的无印商品适合任何一种味道的房间。

　　尤其是亚克力和聚丙烯收纳商品，堪称宝物。"设计简约，随时可以加购，这种感觉令人心安，加上适用于多种场合，让人爱不释手。"确实，在厨房的橱柜里，收纳盒类大显身手。能够看到内容物，再贴上分类细致的标签，物品所在位置一目了然。

　　此外，亚克力和聚丙烯还具有易于清洁和整理的特点。轻轻一擦，或是放在水里浸泡洗刷，厨房收纳就能随时保持整洁。

②

③

① 心仪的杯子使用"可叠放亚克力 CD 盒"保存。不会沾灰，烹饪间隙会忍不住自我陶醉地欣赏一番　② 茶具组合归置在"聚丙烯整理盒 3"内，准备茶点时，可连盒一起端到桌上　③ 意大利面等长条物品、数量繁多的勺子放在"亚克力小物收纳盒·3 层"内，盒体横放　④ 橱柜内的餐具使用"聚丙烯整理盒"，按类分开整理，收拾起来很方便　⑤ 箸台、

刀叉台等餐桌摆件事先放在餐厅一侧。使用"亚克力眼镜小物盒"，吃饭前，马上就能取出

⑤

④

28

"书籍杂志越来越多，仅保留能收纳的数量。便于管理，符合自身情况为佳"

书籍、本子、文具和小工具统一放到搁架上。每一层上，文件夹、盒子都排列得整整齐齐，整个空间宛如经过严格计算的实验室。"邮件、书籍杂志会无限增加，所以我定的原则是，仅保留这个文件夹能够容纳的数量"，Mujikko 女士如是说。也就是说，物品总体数量会按照收纳用品的容量范围进行挪换，以避免物品无限制地增加。

尤为常用的物品集中到中间两层上。在布局上，紧急情况下需要的口罩、药箱等物可迅速拿取。偶尔需要翻看的使用说明书、大开本书籍分别放在上层和下层。"由于大小正好，所以抽屉和文件夹可适当调换，改变位置。"小物件收纳统一使用"聚丙烯收纳盒·抽屉式"系列，在使用过程中，可以寻找并调整到最佳布局。

①

②

④

③

① 除了书籍杂志以外，文件盒内还可放置其他物品。存放大小不一的胶带等物也很方便
② 打包时使用的封箱胶带、刀具收纳在"聚丙烯化妆盒"系列内，叠加放置，节省空间 ③ "聚丙烯收纳盒·抽屉式半号·薄型（附隔板）"能改变隔板位置，可以按照物品尺寸，自行定义合适的尺寸。东西越小，越要细致分类 ④ 文具类分层收纳。可以使用"聚丙烯棉花·棉棒盒"分装

"结合孩子的成长和生活变化，
规划物品位置和收纳方式"

在类似于学校储物柜的置物架上，孩子们的用品收拾得井然有序。据介绍，实际上，她儿子上小学时，虽然做了书桌，并设置了放课本的地方，但是讲义散乱，找不到的情况屡屡发生。

由于这样的经历，为了便于跟孩子一起整理，现在，Mujikko 女士把讲义存放处设在了挨着客厅的篮筐内。大块头的讲义在"不锈钢丝筐"内放上"亚克力分类架"统一归置，大人孩子可一起阅读，非常方便。"觉得不便，或者是生活阶段发生变化，我会随时调整收纳场所"，Mujikko 女士介绍说。孩子在不断长大，夫妇二人的工作情况会出现变化，在这种时候，结合生活情况，灵活调整机制，就是保持房间能够轻松打理的秘诀。

① ② ③ ④

⑤

① 早上，孩子们需要准备的手帕、袜子放在"可叠放长方形藤编篮"系列内 ② 使用"亚克力分类架"整理讲义 ③ "不锈钢丝筐"临时存放讲义、帽子等物 ④ 背包和衣服放在同一搁架上，早上准备工作非常轻松 ⑤ 在回家后肯定会经过的走廊上，使用"壁挂式家具"，设置挂包处

房间整理，
人人有妙思

所以说，我喜欢无印良品。
接下来，我会介绍一些适合收藏的实例妙招，
它们会把房间打造得井井有条、令人感到舒心惬意。
希望可以带来一些灵感，让您的生活和房间焕然一新。

家有幼儿和爱犬，
一样纹丝不乱

尽情撒欢儿的孩子、随意跑来跑去的爱犬。
渡边太太家中，总是笑容洋溢。
生活轻松惬意的房间里，
布满了巧妙的收纳心思。

数据
现居埼玉县
夫妇 +1 孩 + 爱犬
公寓
4 室 2 厅 1 厨 1 卫
房屋辑录用户名：
risako1107
房屋编号：783450

渡边夫妇与幼子和爱犬一起生活。即将一岁半的独生子眼下正处于四处探索的好动期。因和爱犬生活在一起，所以，为了两个宝贝能够无拘无束地随意活动，渡边太太在房间打理上格外用心。

　　井然有序，条理分明，北欧杂货和手工制装饰品等心仪物品环绕周围，这样的房间，就是精致生活的诠释。

　　据介绍，在孩子出生之前，客厅收纳架是装饰架，现在则用于收纳玩具。"孩子会拉开的抽屉，里面统统清空。颜色鲜艳的玩具则使用软盒做隐藏式收纳，便于孩子取放。"

　　在收纳整理的同时，还不忘保持可爱的做法令人称赞。"儿子正是好动爱玩的时期，所以容易杂乱无章的书本、毛绒玩具都做隐藏式收纳；另一方面，可爱的玩具展示出来，采取的是可见式收纳"，渡边太太介绍说。

　　厨房里的收纳也分为"展示、隐藏、装饰"。烹饪用家电、放有食材的搁架属于在原有物品基础上做的加装连接，调整得便于使用。"壁挂式家具"加到展示当中是渡边太太的独有品位。"先生是整理行动者，我是位置确定人"，渡边太太说道。夫妇联袂，优美动人。

客厅

客厅属于日常生活空间，
"隐藏式"收纳超完美

**让客厅变大的秘诀就是，
物品尽量
收到搁架或者盒子当中。**

**紧急情况下使用的
药箱和书籍放在上层**

上层属于需要时可以马
上拿取的位置。地方发
的通知和急救用品放在
此处

**小型 DIY 用工具
放在同一层上很方便**

同一时间使用的物品放
在相同位置，这是一条
铁的法则。DIY 时，按
盒拿取即可 ②

**常用书籍和
文件夹居中放置**

使用频率最高的物品放
在腰线上下位置。常用
文件和反复阅读的书籍
放在中层 ③

**家人用品"按层"区
分，这是一条铁的
法则**

一人一层抽屉，这是家
人的私人区域。如有个
人固定收纳位置，还能
有效防止随手乱放 ①

**文具放在
便于查看的高度**

零碎物品较多的文具收
纳于视线水平位置，方
便拿取

**"其他"盒子
放置"临时"物品**

不知应归入哪一类的书
籍使用"其他"盒子非
常方便。稍过一段时间，
重新整理

**盛放回忆的盒子、使
用说明书等
存放于最下层**

相册、充满回忆的物品、
使用说明书等平时不会
使用，但却非常重要，
放在最下层，不会碍手
碍脚

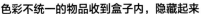

色彩不统一的物品收到盒子内，隐藏起来

色彩斑斓的玩具和 DVD 光盘放在带盖的盒子或者抽屉内，表面看不到。如果放在最下层，孩
子也容易拿取（第 36 页图片：④）⑤⑥

厨房

塑料袋、拌饭调料的
正确收纳方法：用盒分类

把一层抽屉隔开，归置经常使用的保鲜膜、塑料袋等物，需要时，可以迅速取出 ⑦

炒锅立在文件盒内，
功能性十足

炒锅叠放拿取不便，放在文件盒内，井然有序

厨房收纳法则：
容易拿取，
一目了然

效率高的厨房需要做到东西能够马上拿取，所在位置一眼可见。

统一放到篮筐中，
拿取方便

咖啡豆、红茶……贴上标签，内容物一目了然。放到牢固的网篮中，拿取方便 ⑧

利用水槽下方收纳，
把菜谱塞进去

水槽下方间隙刚好放文件盒。菜谱放到里面，可以查看做菜方法 ⑨

锅垫收纳宜用藤编篮
轻便、透气性佳

收纳防潮性能不好的心仪锅垫时，轻便、透气性佳的藤编篮恰好不过

使用"壁挂式家具"，
墙壁变身展示区

厨房工作间隙可以欣赏的部位，用心仪的杂货装扮起来。因为是每天都会使用的场所，所以精心布置，无限乐趣

包袋　外出游玩用品

按照生活的节拍，设定放置区域

一个房间内，从服装到配饰，一应俱全，堪称完美的梳妆打扮区。早上时间紧张，出门前也不会手忙脚乱。

临时放置区

配饰

正装放在盒内，按人区分

其他房间

包袋靠近上装，位置固定

外出包袋挂在挂钩上，靠近上装放置。穿上外套后，顺手拿起，就能出发 ⑩

神位
使用"壁挂式家具"，放在不易看到之处

苦于不知道摆在何处的神位，可以使用"壁挂式家具"，按照心意安置。宽度以能够摆下必要的物件为宜 ⑪

配饰按类区分，瞬间做好选择

在戒指、耳环、项链的收纳上，内盒选择很关键。每格收纳一件心仪首饰。同类物品一览无余，早上不会茫无头绪 ⑫

①

聚丙烯收纳盒·抽屉式·浅型

约宽 26 cm × 进深 37 cm × 高 12 cm

②

聚丙烯收纳盒·抽屉式·横宽·深型

宽 37 cm × 进深 26 cm × 高 17.5 cm

③

聚丙烯文件盒·标准型·A4 用·白灰色

约宽 10 cm × 进深 32 cm × 高 24 cm

④

置物架组·3 层 ×2 列·橡木

宽 82 cm × 深 28.5 cm × 高 121 cm

⑤

可叠放长方形藤编篮·大

约长 37 cm × 宽 26 cm × 高 24 cm

⑥

聚酯纤维棉麻混纺·软盒·长方形·中

约长 37 cm × 宽 26 cm × 高 26 cm

⑦

不锈钢组合式置物架·不锈钢架加装用聚丙烯筐·长 56 cm 款用

长 51 cm × 宽 41 cm × 高 15 cm

⑧

18-8 不锈钢丝筐 3

约长 37 cm × 宽 26 cm × 高 12 cm

⑨

聚丙烯立式文件盒·A4 用

约宽 10 cm × 进深 27.6 cm × 高 31.8 cm

⑩

不易横向偏移 S 形挂钩·小·2 个装

约 5 cm × 1 cm × 9.5 cm

⑪

壁 挂 式 家 具 · 架 子 · 长 44 cm · 白橡木 ①

长 44 cm × 宽 12 cm × 高 10 cm

① 橡木——译者注

⑫

可叠放亚克力盒 2 层抽屉·大

约长 25.5 cm × 进深 17 cm × 高 9.5 cm

点缀盎然绿植，
开间生活无比惬意

有模有样的整理方式，
就是每件物品各得其所。

泉小姐的房间洒满明亮的光线，清新的绿植一派生机。据悉，泉小姐在法国进行烹饪修行时，不落俗套的房间布置激发了她的审美意识。在她的房间，绿植、杂货摆在一起，令人无法想到这是一间小小的开间公寓。

不会破坏房间气氛的收纳创意正是不俗品位的体现。生活用品收纳于床下、沙发下方等死角位置，这是一大要领；电脑等家电随意摆在视线范围外；生活杂货使用看不到内容物的收纳器具，避免过于显眼……据介绍，她的讲究是，"收纳就是思考如何放到看不见的地方，或是即使可以看到，也让它看上去干净利落。"就连厨房的烹饪工具和调味料，都像是墙壁的装饰性展示。结合使用频率布置物品，房间就会变得条理分明，瞬间就能完成整理。

她说："我是先确定房间的大致感觉，然后逐渐添置家具，调整布局。此外，用浅色加以统一，房间看上去就会更宽敞，这也是一个要领。"

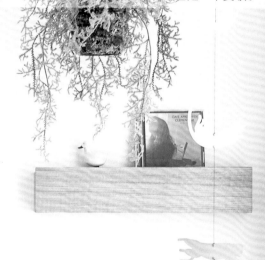

数据	烹饪师泉小姐住在开间公寓
现居东京都	内，空间属于最低限度所需。
独居	绿植随处可见，房间洁白简约。
公寓	挑选杂货的高品位审美眼光来
房屋辑录用户名：	自于在法国进行烹饪修行时，
punsuke	对当地不落俗套的房屋布置产
房屋编号：778973	生的感触。

巧妙运用"壁挂式家具"系
列，让墙壁兼具展示和收纳
功能。窗边洒进自然光，明
媚动人，是备受宠爱的放松
区。井然有序，看上去又令
人心生舒适，二者的平衡完
美结合

客厅

物品精简，
家具小巧，
喜欢的物件相伴左右

不破坏室内装饰的
创意数不胜数。

**清洁工具放在木质盒中，
不会破坏室内装饰**

想要放在平时待的地方，就用盒子藏起来。虽然不起眼，但需要的时候，马上就能取用③

**遥控器类
使用藤编篮
隐藏收纳**

使用盖子，能够起到防尘和遮掩作用。桌子和篮筐色调和谐，收拾好之后就能成为装饰品①②

45

在"壁挂式家具"上，
装饰上心仪的杂货，
让室内装饰充满节奏美

把朴素的墙壁打扮起来，杂货放到喜欢的位置上。
这一想法实现之后，房间变得更加赏心悦目。

把喜欢的位置装饰上小搁架，就会成为一道风景线，
对房间的感情也会与日俱增。床边放闹钟和香熏机，
厨房里放香辛料和食材。加上一抹绿色，顿时显得清
新水润。在心仪物件环绕四周的空间中，度过自己的
小时光

**文件盒形状的音箱，
属于小心机收纳**

音箱与文件收纳放在一起排成队。
台面上装饰具有清凉感的小物，
打造出一个兼具实用与装饰功能
的混合收纳区 ④⑤⑥

**洗衣和清洁用品顺手放在
墙上触手可及的位置**

容易产生生活气息的日用品用绿
植装点一下，遮掩起来。选择的
容器增加了整洁感 ⑦

客厅

生活用品放入看不到内容物的盒内，消除凌乱的生活气息

由于无法设置专门的收纳区，所以"不显眼之处"就是最佳的收纳场所。搁架下层放置四角小抽屉，
收拾整理生活用品。生活用品存放筐放在沙发下，放有备用被褥的盒子塞到床下。虽然狭窄，但井井
有条 ①②⑧⑨

厨房

功能性厨房，物品少之又少，能够尽情施展厨艺

物品和色彩高度凝练，不隐藏生活场景也很迷人。

开间内几乎没有隔断。尽管所有物品尽收眼底，看上去却令人赏心悦目，其奥妙就在于：白色作为主色调，原木、绿植、不锈钢、玻璃等物品的颜色和材料无一不是精挑细选。整理用具已经变成了室内的装饰要素

常用烹饪工具采用悬挂、立式收纳，功能性十足

实际使用的烹饪工具为不锈钢、木头和白色系商品。在整理方式上，原样展现工具拥有的"使用之美" ⑪⑫

常用调味品放到墙上，装饰出一派浪漫咖啡厅风

物品与物品之间留出间隙，所有容器有意识地按照高低顺序排列。按照装饰理念摆放，凌乱的感觉变淡许多 ⑩

①

可叠放长方形藤编篮

约长 26 cm × 宽 18.5 cm × 高 12 cm

②

藤编·长方形篮用盖

约长 26 cm × 宽 18.5 cm × 高 2 cm

③

水曲柳垃圾箱·长方形

长 28.5 cm × 宽 15.5 cm × 高 30.5 cm

④

半工字形家具·层合板·橡木·长 35 cm

长 35 cm × 深 30 cm × 高 35 cm

⑤

聚丙烯立式文件盒·A4 用

约宽 10 cm × 进深 27.6 cm × 高 31.8 cm

⑥

文件盒形蓝牙音箱（MJFSP-1）

宽 10 cm × 进深 27.6 cm × 高 31.8 cm
重量：2.8 kg

⑦

壁挂式家具·架子·长 44 cm·白橡木 ①

长 44 cm × 宽 12 cm × 高 10 cm

① 橡木——译者注

⑧

聚丙烯小物品收纳盒 3 层·A4 竖型

约宽 11 cm × 进深 24.5 cm × 高 32 cm

⑨

聚丙烯小物品收纳盒 6 层·A4 竖型

约宽 11 cm × 进深 24.5 cm × 高 32 cm

⑩

壁挂式家具·箱子·长 44 cm·白橡木 ②

长 44 cm × 宽 15.5 cm × 高 19 cm

② 橡木——译者注

⑪

瓷制米色厨房器具置物筒

约直径 9 cm × 高 16 cm

⑫

铝制 S 形挂钩·中·2 个装

约宽 4 cm × 高 8.5 cm

"空无一物"的厨房秘诀，
都在收纳中

阳光洒进兼做餐厅和客厅的开放式厨房，清爽宜人。
物品的持有方式和固定位置的原则，
就是表面不出现任何物品的原因。

数据
现居神奈川县
夫妇+2孩
独栋
3室2厅1厨1卫
带储物间

大木太太生活在安闲宁静的住宅区，家有两个男孩，非常热闹。拥有整理收纳顾问资格的大木太太用心建立起了收纳机制，全家一起打理，是无形中完成整理的践行者。

大木太太的家干净利落，几乎没有什么东西放在外面。尤其是厨房，只能看到最低限度的烹饪家电和观叶植物。

实际上，餐具和厨房工具都在收纳用品当中。深型抽屉使用可叠放的盒子和篮筐，收纳空间得以有效利用，这一点让她备感自豪。常用物品在上，不常用物品居下，结合使用频率放置是"大木式"法则。

大木太太还介绍说："为了确保家人也能知道物品的固定位置，我会认真思考收纳方式。"如果有人问："咦，那个东西哪儿去了？"她就会把它当作一个契机，重新考虑收纳方式和放置场所。"方便每个人都知道"，这个理念是建立全家动手，轻松开展整理机制的第一步。

她说，因为喜欢购物，所以自己的原则是，"不盲目增加物品，能够确定服装和餐具的收纳场所后再买"。收纳用品同样一律为白、黑、灰三色，这样就能保持清爽和美感。所以，她挑选的心仪物件都在抽屉和橱柜中闪着动人的光。

収纳中加入隔断，挑选餐具也是一种享受

一目了然，拿取方便。物品布局确定后，功能性十足。

盘子、餐具

深型抽屉"双层叠放"，充分利用！

深型抽屉叠放收纳为佳，里面的东西也能拿得到。常用物品放在上层 ①②

不知如何处理的物品集中到一层内，再无阻碍

越是不知如何处理的东西越容易忘。无法判断的东西也拥有固定位置，就好做决定

小杯件用立架隔开，不易破碎

加上隔断后，盒中器皿不会发生碰撞。盒子的优点：可以叠放 ③

大的盘子使用立架，方便取用

有了分区细致的隔架，大盘子收纳也毫无问题。竖立放置，喜欢哪一个，马上就能拿出来 ④

厨房

经常使用的保鲜膜、垃圾袋使用箱盒收纳，无比整齐

水槽下方的浅型抽屉是消耗品的固定位置。"唰"地拉开，库存一目了然⑤

调理用具一侧的文件盒，是清洁用品的最佳位置

宽大的抽屉使用文件盒区分。清洗时使用的笊篱、水盆等调理用具的位置固定不变

厨房工具放在盒子里，一目了然

收纳形状大小各异的工具，盒子的选择很关键。布局纵横自由摆放，使用方便⑥

垃圾箱、调味料

细致分割，缝隙也有大用处

开封启用的粉状调味料放进小盒内。狭长形抽屉内嵌进尺寸正好的盒子，如有滴漏，清洁起来也很简单⑥⑦

食品储藏室

里侧的紧凑型储藏室按照"用途"规划，功能性无与伦比

由于物品种类混杂，所以按层、按箱分类，非常方便。

零食放进可以一起端走的盒子里

常备食品集中放置，方便正在发育的男孩子们果腹 ⑧

书报箱放在中层，扔入垃圾箱的过程畅通无阻

位置关系到是否能够轻松完成丢弃动作，这是最重要的关键点 ⑨

零碎物品放在小抽屉内，分类收纳

规划好抽屉各层收纳物品种类，贴上标签，家人共用 ⑩

下层空闲区，发挥层架的作用

旧报纸确定保存上限。带脚托盘方便打扫 ⑪

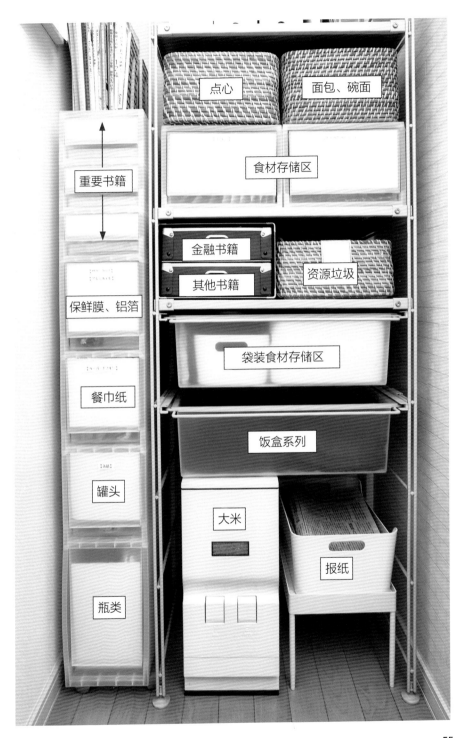

存货

毛巾

临时放置

卫生间

收到的馈赠毛巾暂时储存起来，需要时能马上取出

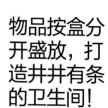

物品按盒分开盛放，打造井井有条的卫生间！

心目中的洗脸间，要像酒店一样干净，令人感觉干净利落。

由于擦拭身体使用面巾，所以所需数量较为可观。使用盒中盒，避免损坏毛巾⑧

卫生间属于更换家居服和睡衣的地方，需要一个用来临时存放的收纳物，避免衣物脱下后凌乱不堪

洗衣用品放在同一层上，洗衣工作也很轻松

度假酒店的感觉！未放多余物品，易于清洁，还留有装饰的空间⑫

大木太太推荐的无印良品

18-8 不锈钢丝筐 2
约长 37 cm × 宽 26 cm × 高 8 cm

聚丙烯化妆盒
约 150 mm × 220 mm × 169 mm
※ 书中所示系使用 1/2 尺寸商品叠放

钢制书立·中
长 12 cm × 宽 12 cm × 高 17.5 cm

亚克力收纳架·A5 尺寸
约宽 8.7 cm × 进深 17 cm × 高 25.2 cm

聚丙烯保鲜膜盒·大
约长 25 cm~30 cm

聚丙烯化妆盒·1/4 纵型 ①
约 75 mm × 220 mm × 45 mm
※ 书中还使用了其他尺寸

① 聚丙烯化妆盒·1/4 纵型半号——译者注

聚丙烯垃圾箱·方形·迷你（约 0.9 L）
约长 13.5 cm × 宽 7 cm × 高 14 cm

可叠放长方形藤编篮·中
约长 36 cm × 宽 26 cm × 高 16 cm

硬质纸浆盒·抽屉式·2 层
约宽 25.5 cm × 进深 36 cm × 高 16 cm

聚丙烯组合式 4 轮储物柜·4
约宽 18 cm × 进深 40 cm × 高 122 cm

ABS 树脂·A4 带脚托盘
A4 尺寸用·带 4 只脚

聚丙烯立式文件盒·A4 用·白灰色
约宽 10 cm × 进深 27.6 cm × 高 31.8 cm

3只爱猫+婴宝，
收拾起来无烦恼

清洁和整理毫不费力，无形中自然完成。

——按照这种想法，挑选工具。

　　"猫咪总是随意走动，宝宝的物品也越来越多，真的很要命"，因为抚养不到1岁的孩子而忙得不可开交的G太太如是说。如果没有婴儿床的存在，别人根本想象不到她是处于这种情况之下。在婴儿和3只爱猫的包围之下，房间却能够保持整洁的秘诀是什么呢？

　　G太太非常重视打扫和整理工作能否轻松完成。因为家庭成员总是随心所欲，所以客厅尽量不放东西，常用物品都收到搁架上。这样一来，使用空间变大，清洁工作看上去也确实轻松许多。

　　尿布、点心等需要频繁更换的消耗品统一使用带盖藤编篮管理。这样不但容易拿取，而且剩余数量也能一眼可知。家人物品放在专用抽屉内，设置固定位置，只要放归原位，就能完成整理工作。

　　她的心思尤其体现在主要收纳婴儿和猫咪用工具的专用搁架上。家人物品大致按层区分，各人物品数量和放置场所一目了然。

　　"孩子长大，东西会增加，还会需要更换，我希望从现在起就做好准备"，谈起自己的整理想法，G太太这样说。

数据
现居东京都23区内
夫妇+2孩+爱猫
公寓
3室2厅1厨1卫
房屋辑录用户名：
gomarimomo
房屋编号：1035578

在位于东京市内的一所公寓内，G太太与两个女儿还有丈夫，过着4个人的幸福生活。由于3只爱猫会在客厅一带随意窜来窜去，所以她花费心思，做到尽量精简放在外面的东西，打扫起来也毫不费力。

客厅收纳，
只需一个搁架。
日用品的合适数量
由收纳空间决定

目前的生活以婴宝为中心。
不管是家务还是育儿，都希望井井有条，
所以，便于打扫整理的房间最为适宜。

**"替换"用品全部
使用藤编篮管理储存**

可以吃的零食常备于台面上。篮子
带盖，按照不会溢到外面的数量储
存①②③

搁架内容

零碎、易杂乱物品使用盒子归置
④⑤⑥

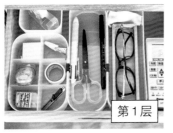
第1层

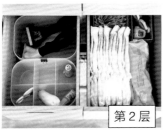
第2层

第3层

第4层

第1层 / 日用杂货隔开，
细致分类收纳，拿取
方便
第2层 / 有了"聚丙烯
化妆盒"系列，零碎护
理用品就能分开收纳
第3层 / 湿纸巾等备用
品存放处。余量一清
二楚
第4层 / 线缆使用亚克
力箱做立式收纳，用时
马上就能找到

**下层藤编篮
是存放尿布的最佳场所**

结合动线，固定位置，放到在
客厅更换尿布时路线最短的位
置上。存放时，从包装中拿出
来，一眼就能看出存货数量

客厅

61

猫咪与婴宝物品按层分放，便于把握数量

目前是猫咪房间，
将来计划作为儿童房使用。
为了应对变化，掌握种类和
数量非常重要。

可以叠放的抱被类，放在文件盒中，体积紧凑

婴儿服既小又轻，架上撑杆，挂到衣架上。
可以叠放的抱被类团起来放到文件盒中，
节约空间

藏在抽屉中的小心机 ⑦⑧⑨⑩

①软盒内利用文件盒做隔断
②旅行箱在婴宝衣物分类收纳中
大显身手
③使用隔板，便于拿取婴宝用零
碎物品

猫咪 & 婴儿房

毛巾毯

包装用品

猫咪用品

婴儿用品

婴儿用品

回忆区

猫咪用品

剩饭剩菜

保存食品（酱料等）

面包系列

日式食品系列

调味品

使用托盘分区，冰箱就能井然有序

随时补充，
无须持有多余库存。

**使用亚克力盒，
调味品也能迅速取出**

管状物品倒立收纳，不会翻倒，
拿取也方便 ⑪

直接放在隔板上容易杂乱无
章的纳豆、豆腐等物。统一
收到化妆盒内，有助于库存
数量管理

冰箱

**同一时间使用的食材
使用托盘归置，非常方便**

用整理盒归置酱料、调味料等必
需品。连盒一起端出，直接就能
烹饪 ⑫

---

①

可叠放长方形藤编篮盖
约长 36 cm× 宽 26 cm× 高 3 cm

②

可叠放长方形藤编篮·中
约长 36 cm× 宽 26 cm× 高 16 cm

③

可叠放长方形藤编篮·大
约长 36 cm× 宽 26 cm× 高 24 cm

④

聚丙烯化妆盒·附隔板·1/4 横型①
约 150 mm × 110 mm × 45 mm
※ 此外，还与聚丙烯化妆盒系列搭配使用

① 聚丙烯化妆盒·附隔板·1/4 横型半号——译者注

⑤

聚丙烯化妆盒·1/4 纵型②
约 75 mm × 220 mm × 45 mm
※ 此外，还与聚丙烯整理盒系列搭配使用

② 聚丙烯化妆盒·1/4 纵型半号——译者注

⑥

聚丙烯化妆盒·附隔板·1/2 横型③
约 150 mm × 110 mm × 86 mm

③ 聚丙烯化妆盒·附隔板·1/2 横型半号——译者注

⑦

聚酯纤维棉麻混纺·软盒·大
约长 35 cm × 宽 35 cm × 高 32 cm

⑧

聚丙烯文件盒标准型·A4 用·白灰色
约宽 10 cm× 进深 32 cm× 高 24 cm

⑨

滑翔伞布分类包·深蓝·A5 尺寸·硬款
约 27 cm × 20 cm × 4 cm

⑩

聚苯乙烯隔板·大·4 片装
约长 65.5 cm × 厚 0.2 cm × 高 11 cm
※ 第 62 页图片为旧规格

⑪

可叠放亚克力箱·附隔板·半号·大
约长 17.5 cm × 宽 6.5 cm × 高 9.5 cm

⑫

聚丙烯整理盒 3
约长 25.5 cm × 宽 17 cm × 高 5 cm

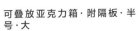

美宅丰盈生活收纳术

气质出众，低调，充满功能性。
所有物品均以自然形态呈现，并和谐融入空间。
舒适方式，惬意生活。

U太太的家，具有温暖感的木结构房屋与家具和谐统一，令人感觉恬淡安稳。家中到处是她钟爱的兔子和北欧杂货，光是看着，每天的心情也会很明媚。但是，尽管杂货摆件数量庞大，但令人意外的是，并没有杂乱无章的感觉。实际上，巧妙隐藏充满凌乱生活气息的物品，就是美丽房间的打造秘诀。

　　使用篮筐或者箱盒，使物品不直接显露在外，是客厅开放式搁架上的小心机。每个房间都放有各处的需用物品，这样打造出来的房间，整理起来丝毫没有压力。她介绍说："看不到内容物的文件盒和藤编收纳物，尤其是我的心头大爱。"的确，在客厅内，几乎没有能够透过外壳看到内容的收纳物。

　　相反，厨房和餐具间则重视功能性和拿取是否方便。开放式搁架和贴有标签的收纳便于了解物品位置。"基本上只有我一个人进来，所以是否便于查找十分重要"，U太太说。在物品位置一目了然的餐具间，即使首次进来，也不会感到茫然无措。

数据
茨城县
夫妇 +2 孩
独栋
3 室 2 厅 1 厨 1 卫

公婆与丈夫系建筑相关人士，所建共居住宅属于两代人的共同作品。"物品选择标准是基本款，能够让人体会布置调整的乐趣。"不时更换沙发套，或用北欧小物装点房间，日常生活充满了无限变化。

房间一派闲适，
生活丰盈充足，
就是室内装饰的秘诀

光线洒满屋子，一派悠闲舒适，
整个空间充满治愈感。
搁架上方作为装饰区。

书籍原则上实施"盒装管理"

先生制作的搁架，美观大方。分类收纳书籍的文件盒，颜色与木材质地和谐相映 ①

书桌规格整齐划一，与室内设计浑然一体

先生的作业台与房间浑然一体，质感满满。与"聚丙烯收纳盒·抽屉式"搭配使用，大小刚刚好 ② ③

客厅

使用"壁挂式家具"在喜欢的位置进行墙面展示

搁架装饰会随季节和节日做出调整，属于空间一大亮点。五金件隐藏，无比清爽 ④

简约风的无印良品沙发，按不同季节，自行定义沙发套

存在感十足、令人感到放松的沙发，按照心情，布置印有心仪图案的沙发套和靠垫。不同季节，各有情趣 ⑤

餐具柜

菜谱

饭盒系列

储备食材

面包、点心

洗涤剂

啤酒、瓶装
调味料

清扫用品

咖啡、茶

分类垃圾箱

不显山露水的餐具间
采用开放式收纳，重视功能性

个人专用收纳间，包罗万象。
使用搁架分隔，确定物品位置是关键。

A

A
使用文件盒，
归置储备消耗品

需要补充的消耗品统统收到文件盒
内，何时需要补充，一眼可知 ⑥

B
内置纸张，
遮掩花花绿绿的包装

半透明抽屉内，使用纸张遮住容易
产生凌乱感的包装

B

C
藤编篮属于"常用区"

藤编篮做抽屉使用，面包、点心等
拿取频率较高的物品放到里面，取
放畅通无阻 ⑦

D
餐具使用亚克力架，
分为 2 层存放

使用亚克力分隔架，盘子不用摞在
一起，下层拿取也很方便

C

E
储物容器统一收到篮筐内

大小不一的储物容器按照大小，大
致分类，用时相当方便

F
杯子放到盒内，
拿取方便

常用杯子放到盒内，里面物品拿取
也畅通无阻 ⑧

D

G
储备食材
按层分类

储备食材抽屉按层分开存放。贴上
标签，内容物同样一目了然

H
布制品使用架子，做空中收纳

手套、锅垫使用夹子夹住即可。不
会出现褶皱，功能性强大 ⑨

E

F

G

H

儿童房 & 卫生间

家人共用房间规划好位置，方便打理

只要规划好位置，以便打理，剩下的收纳工作就交由家人自由进行。

卫生间收纳组合使用"聚丙烯收纳盒·抽屉式"系列。每个抽屉上都有小心思：挨个儿贴上可爱又便宜的标签卡，内容物一清二楚 ⑩

使用化妆盒，对玩具做出分类

色彩缤纷的玩具按颜色和种类收纳到盒中。孩子也容易发现目标 ⑪

透明材质收纳物：
用喜欢的花纹纸挡住视线

里面放有睡衣和内衣。半透明收纳的透明感令人不舒服，把喜欢的花纹纸放到二页夹内展开，就会成为可爱的遮挡物

整理时，只需放入或是挂起

放入、挂起，建立一个动作就能完成整理的机制，孩子可以自行打理 ⑫

U 太太（兔子工房）推荐的无印良品

①

一按可成型纸板文件盒·5 枚组· A4 用

约宽 10 cm × 进深 32 cm × 高 25 cm

②

原木书桌（带抽屉）· 橡木

长 110 cm × 深 55 cm × 高 70 cm

③

聚丙烯收纳盒·抽屉式·深型

约宽 26 cm × 进深 37 cm × 高 17.5 cm
※ 与其他尺寸组合使用

④

壁挂式家具·架子·长 88 cm·白 橡木①

长 88 cm × 宽 12 cm × 高 10 cm

① 橡木——译者注

⑤

沙发主体·2.5 人座·宽扶手·羽 毛独立式榫形弹簧坐垫②

长 190 cm × 深 88.5 cm × 长 79.5 cm
※ 沙发套、沙发脚另售

② 羽毛独立式袋装弹簧垫——译者注

⑥

一按可成型纸板文件盒·5 枚 组·A4 用

约宽 10 cm × 进深 28 cm × 高 32 cm

⑦

可叠放方形藤编篮·中

约长 37 cm × 宽 35 cm × 高 16 cm

⑧

聚丙烯整理盒 4

约长 34 cm × 宽 11.5 cm × 高 5 cm

⑨

不锈钢挂住使用的钢丝夹③·4 个装

约宽 2 cm × 厚 5.5 cm × 高 9.5 cm

③ 不锈钢悬挂式钢丝夹——译者注

⑩

聚丙烯收纳盒·抽屉式·横宽·小

约宽 55 cm × 进深 44.5 cm × 高 18 cm
※ 同系列商品组合使用

⑪

聚丙烯化妆盒·1/2

约 150 mm × 220 mm × 86 mm

⑫

壁挂式家具·挂钩·白橡木④

宽 4 cm × 厚 6 cm × 高 8 cm

④ 橡木——译者注

好的收纳，
和室也能很迷人

由于物品经过精挑细选，所以和室也非常舒适，
个人品位顿时呈现。

　　K 太太说："少量拥有东西，闲适、简约生活最为理想。"诚如斯言，她家留有余白的房间洁白素净，收拾得一丝不苟，美得令人恍惚。

　　这样的 K 太太践行的收纳秘诀是："一个容器只放一类东西"。厨房的抽屉、柜子里的小物件容器，无一不是只放有同一种类和用途的物品。这样的话，要做什么事情的时候，马上就能找到要用的东西。

　　但在采访过程中，当我听她介绍说"一开始东西非常多"的时候，感到非常吃惊。"先生工作调动要搬家，然后我就开始精简东西了"，K 太太说明了原委。现在，家中非常素净，收纳用品中甚至还有架子空无一物。

　　"先生喜欢打扫收拾，这样减少物品后，整理清扫都很轻松，做起来毫不费力"，K 太太笑着说。"他让我定好物品摆放位置后，就会遵照收拾"，对于先生的体贴，她的话语中充满了感谢。

　　没有勉强，为了舒适，她的先生每天主动劳动的身影浮现在了我的眼前。

数据	由于先生工作频繁调动，所以 K 太
现居千叶县	太在生活上开始严格挑选物品。由
夫妇	于采取了"房间便于打扫和整理"
公寓（公司宿舍）	的理念，所以先生也会主动给予协
2室2厅1厨1卫	助。东西少的加成效果是，打扫也
	很轻松。

可折叠的衣服"放入"软盒即可

牛仔裤、法兰绒衬衫等可折叠衣物使用软盒管理。只要注意按照"仅用此处所放衣物"搭配的原则，衣服就不会无节制地增加 ①

卫生间狭窄也 OK！梳妆用品备于和室

卫生间很小也没关系。不囿于成见，灵活思考，就能找到最佳场所 ②③④

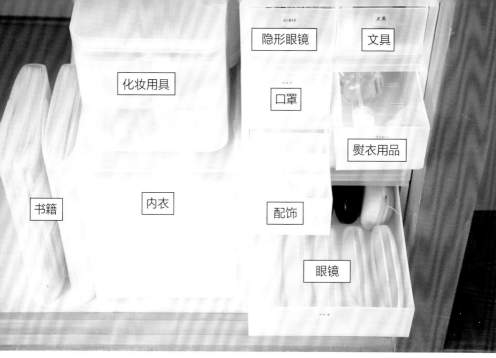

化妆用具

隐形眼镜

文具

口罩

熨衣用品

书籍

内衣

配饰

眼镜

一层一类收纳，
不用到处找东西

每层抽屉只放一类物品，仅储备该处可容量。贴上标签，几乎不会到处找东西⑤⑥

在席地而坐的和室内，
用"半工字形家具"代替书桌

把"半工字形家具·层合板·橡木"排成一排，用来代替电脑桌。桌面下放置文件盒等物就可收纳，高度也刚刚好④

壁橱

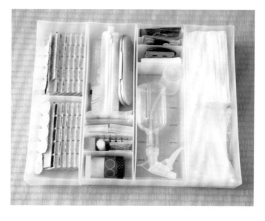

利用隔板区分，
小物件不凌乱

抽屉所附隔板运用得出神入化。按照收纳物品，分成2格或5格，空间丝毫不浪费

收纳时留余白，拿取也方便

东西之间留出间隔，便于取放，无形中完成整理。

茶具组合放篮中，准备起来也轻松

由于位于视线范围内，所以希望随时保持干净⑦⑧

悬挂式收纳，轻松完成整理

习惯使用的2种抹布和常温蔬菜挂在搁架边上。位于灶台回身正对位置，刚刚好⑨

厨房

常用调味料放入篮内，可以整个儿拿出来

便于打理的不锈钢非常适合厨房。筛网结构通风效果佳，湿气重的地方也能用⑦

锅具立在文件盒内，拿取方便

即使没有专用厨房架，有文件盒就足够。不管什么样的厨房，都能安排得得心应手⑩

卫生间

空隙不显眼，卫生间收纳也利落

利用搁架和缝隙，巧妙隐藏生活气息。

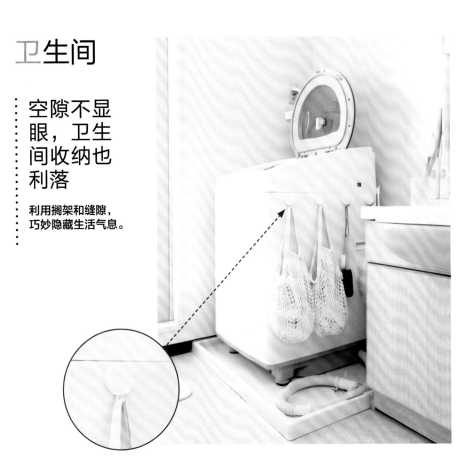

清扫工具挂起即可，方法简单却很棒

如果找不到地方放，就有效利用死角。这个位置最好不过，想起时，顺手就能打扫⑪

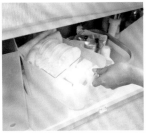

运用盒子，取放自如

卷发器放在立式文件盒内，拖把垫放在下层盒内，上层收纳魔术海绵，利用柜体高度，灵活收纳⑫

1

聚酯纤维棉麻混纺·软盒·长方形·小

约长 37 cm× 宽 26 cm× 高 16 cm

2

聚丙烯化妆盘兼化妆镜

约 150 mm × 220 mm × 20 mm

3

聚丙烯化妆盒·带盖·大

约 150 mm × 220 mm × 103 mm

4

半工字形家具·层合板·橡木·长 **70 cm**

长 70 cm× 深 30 cm× 高 35 cm

5

聚丙烯收纳盒·抽屉式·浅型

约宽 26 cm× 进深 37 cm× 高 12 cm

6

聚丙烯收纳盒·抽屉式·浅型·6 个（附隔板）

约宽 26 cm× 进深 37 cm× 高 32.5 cm

7

18-8 不锈钢丝筐 4

约长 37 cm× 宽 26 cm× 高 18 cm

8

不锈钢组合式置物架·不锈钢层板组合·宽·中

长 86 cm× 深 41 cm× 高 120 cm

9

不易横向偏移挂钩·大·2 个装

约直径 16 mm × 24 mm

10

聚丙烯立式文件盒·A4 用

约宽 10 cm× 进深 27.6 cm× 高 31.8 cm

11

铝制挂钩·磁石式·大·2 个装

承重：约 500 g

12

聚丙烯立式文件盒·A4 用·白灰色

约宽 10 cm× 进深 27.6 cm× 高 31.8 cm

收纳进阶之妙招：
随生活不断调整

能够自行规划的收纳，

可结合孩子成长和家人情况，打造出易于整理的房间。

担任"无印良品三鹰之家大使"，住在无印良品之家的藤田一家拥有的经历是，作为观察员在此居住后，便决定购入这栋房屋。

藤田夫妇是先生喜欢整理收拾，太太不拘小节。太太说："我以前不善整理，但是由于一开始就做好了收纳规则，所以我也开始收拾了。"

家中东西虽多，但是建立了以下机制：只要"放回固定位置"，东西自然就能井井有条。厨房收纳是以置物架为主，配合使用恰好放入其中的收纳用品，并大致规划好物品位置；在家人共用的客厅，是把收纳用品嵌到置物架内使用。按照他们的说法，能够按照自己的整理风格进行安排，是无印良品的优点。

在整理方式上，可由孩子自行完成这一点也很重要。能够按照孩子成长和物品数量做出调整的收纳最好不过。"无印良品的商品可以通过添置和重新组合进行调整，将来我们还打算做出部分改装"，对于将来的憧憬，藤田夫妇这样说。

数据	自从 2012 年被选为"无印良
现居东京	品三鹰之家大使"以来，藤田
夫妇+1孩	家一直住在这栋房子里。在这
独栋	户"无印人"家中，家具和收
2层	纳物到了"很难找到不属于无
	印良品商品"的程度，可以模
	仿的创意比比皆是。

厨房

收纳可轻松"归置"，就不会散乱

**按照置物架规格，只要把同一类型的
收纳物归到一起，就能轻松完成整理。**

使用频率不高的物品
放到上层，不会碍手碍脚

几乎不用，但是没有也会很麻烦的小物件用篮筐分类收纳。重量轻，放到上层很合适 ②

垃圾分类放死角，
不显山，不露水

调理过程中出现的垃圾能够当场扔掉，相当方便。能够做到分类，超级完美 ③

食材放在齐腰高的位置，
方便拿取，缩短做饭时间

调理过程中转身就是食材，有利于缩短时间。凌乱物品用布遮挡，立刻变清爽

利用磁石，做出空中收纳

烹饪过程中，希望能够随时拿取的工具挂在眼前，非常方便。洗完后也只要挂起即可，瞬间做好收纳 ④

有重量的调味料使用托盘，
拿取方便

加注到分装容器内的存货放在可以看到的地方，便于库存管理。使用托盘，发生滴漏也大可安心 ⑤

收纳按"用途"分组，
准备工作倍儿轻松

一格一类，分类收纳。所用篮筐相同，可以随意改变布局，相当简单

清洁用品归置到
结实的箱子里，随便放

即使有不希望孩子摸到的洗涤剂，盖好盖子就万事大吉。买来的存货随便放 ⑥

共用收纳整理做到：拿取不费事，东西不浪费

看上去不落俗套的整理秘诀在于，隐藏式收纳用品摆得错落有致，不管是整理还是室内设计，节奏感都很重要。⑦

眼镜等物件放在
坐在椅子上方便拿取的位置

深层抽屉放缝纫盒、小包等物刚刚好。此处也是一层一类

孩子的作品，
"仅收藏此处可容量"！

孩子创作的作品一件接着一件。确定收藏数量，仅保留杰作中的精品，并固定保存场所

明信片和邮件越攒越多
分层汇总，管理数量

邮件越攒越多，放到抽屉内，一眼就能做出数量管理。只要有一层空着，平时收拾起来就不会感到焦躁

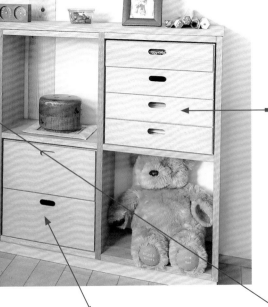

**四层抽屉用来
整理零碎物件最合适**

放有书籍的抽屉里放着喜封、串珠等物品，
万一需要时，打开物品所在格层即可 ⑧

**重要物品放在
下层"回忆"区保管**

在平时待的地方，就近放着各种充满回忆的
物品，随时、随手就能触及得到 ⑨

**一屉一物，
不会没头绪**

化妆用具、摄影工具、香薰用品各占一层。
其他物品同样占据一层，便于整理 ⑩

儿童房

使用无纺布盒划分柜子

使用无纺布分类盒，分类收纳 T 恤衫、贴身衣物等孩子的小衣物。大抽屉也能井井有条

分类盒内为手帕、袜子等物，按用途分类即可。后方拿取不便，放入不常用物品

使用无纺布盒划分柜子

托儿所服装收到客厅抽屉内

收纳到搭配场所，是最短的穿衣整理路线。方法合理，早上入托准备不会手忙脚乱 ⑪ ⑫

楼梯下方儿童区可以频繁自定义

一天中的大部分时间会在客厅度过，随意摊开，尽情玩耍，然后一起整理。

藤田太太推荐的无印良品

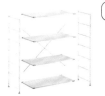

①

组合式置物架

※ 照片中为组合式置物架零部件组装后的样子

②

可叠放长方形藤编篮·小

约长 36 cm× 宽 26 cm× 高 12 cm

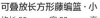

③

聚丙烯可选盖子的垃圾箱·大（30 L 袋用）·带袋扣

约长 41 cm× 宽 19 cm× 高 54 cm
※ 盖子另售

④

铝制挂钩·磁石式·大·2 个装

承重：约 500 g

⑤

聚丙烯整理盒 4

约长 34 cm× 宽 11.5 cm× 高 5 cm

⑥

聚丙烯牢固收纳盒·小

约长 40.5 cm× 宽 39 cm× 高 37 cm

⑦

组合式木架·2 层（基本组合）/白橡木 ①

长 42 cm× 深 28.5 cm× 高 81.5 cm
※ 照片中为加购，组合增加后的样子

① 橡木——译者注

⑧

组合式收纳柜·抽屉式·4 层 /橡木

长 37 cm× 深 28 cm× 高 37 cm

⑨

组合式收纳柜·抽屉式·2 层 /橡木

长 37 cm× 深 28 cm× 高 37 cm

⑩

组合式收纳柜·抽屉式·4 个 /橡木

长 37 cm× 深 28 cm× 高 37 cm

⑪

聚丙烯收纳盒·抽屉式·大

约宽 34 cm× 进深 44.5 cm× 高 24 cm

⑫

高度可变型无纺布分类盒·中·2 个装

约长 32.5 cm× 宽 15 cm× 高 21 cm
※ 左页为旧规格

小房间里的生活大智慧：
空隙收纳创造法

合理利用空间，公寓也能十分宽敞，充满强大的功能性。
聪明妈妈，智慧满满，妙意巧思无限。

　　按照原有布局，小林太太很苦恼没法拥有个人房间。于是，她大胆把壁橱当成了自己的专用空间。现在，设在壁橱内的一角就像一个小型秘密基地，是令人满意的工作区。"我喜欢做手工，手工用品和作业工具收在这里"。壁橱中层用作书桌，后方摆放着经过精心收拾的工具，非常可爱。

　　由于空间有限，所以可以叠放的小抽屉就格外重要。手工工具零碎物品较多，同样分门别类，按层收纳，这样东西所在位置就能一目了然。"左侧为衣柜，外出打扮修饰也在此进行。"抽屉下层便于拿取的位置收纳手表、配饰等饰物，布局充分考虑了日常的行动。

　　重视动线的心思还存在于客厅当中。"女儿喜欢画画，画具采用手提式收纳盒，能够搬拿，非常方便。"听她介绍，画具组大多是在客厅使用。结合家人活动筹划收纳，东西再多，生活也能井井有条。

数据
现居千叶县
夫妇+2孩
公寓
3室2厅1厨1卫

小林太太家有两女，经过精心收拾的房间井井有条，但可爱迷人的杂货和工具又随处可见。在有限的公寓空间里，利用智慧收纳，与心爱之物相伴生活。

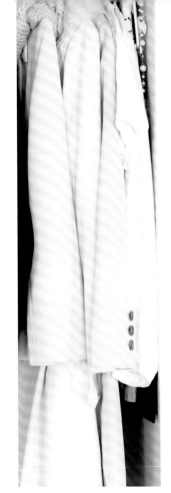

壁橱变身作业区！没有浪费，功能性强大

进深很大的壁橱分成前后两部分使用，相当于增加了一个房间，非常方便。

B

A

C

壁橱

A

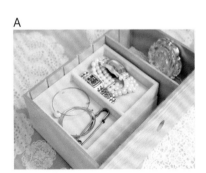

配饰彻底分类存放

使用不易划伤的盒子分开，可以防止饰品缠绕、钩在一起 ①

B

心爱的香薰用托盘展示

香薰用品使用木质托盘归置。可以直接拿到使用场所，非常方便

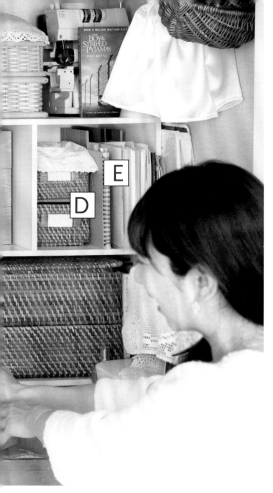

E

D

D

篮筐 + 亚克力架，搭配使用，拿取自如

可以叠放的篮筐也用搁架分成上下 2 层放置，减少了取放的麻烦 ③④

E

重要书籍资料竖放，便于查看

希望马上处理的、需反复使用的书籍资料不用文件盒，用立式收纳架竖放，并把其位置固定在可以看到的地方 ⑤

C

缝纫工具逐层细致分类，手工活儿得心应手

线、针、纽扣……手工用品零碎物件繁多，使用迷你小抽屉，收拾得井井有条 ②

儿童房

**抽屉内细致划分，
丝毫不凌乱**

使用隔板，调整大小不一的文具分格。内容物发生变化后，不费吹灰之力，就能重新分区 ⑥

**每天用的背包，
顺手一放就完事儿！**

房间进门处是背包的固定位置。放到篮中，已经成了每天的习惯 ⑦

建立"机制"，孩子自行整理

如果机制流畅，物品整理起来毫无阻碍，孩子自己就能收拾好。

**心爱文具，
收纳到可以拿走的盒子内**

每天心情不一样，文具使用场所也会不同。由于工具可以整盒拿走，所以不会丢得到处都是 ⑧

**用文件盒代替书立，
不要太有创意**

教科书竖放，所在位置方便做上学准备。盒体还能防止自由区里的参考书翻倒 ⑨

**收纳发饰等小物件
就属亚克力盒最拿手**

内容物一目了然，方便挑选。使用漂亮的盒子，还能培养爱物惜物的品格 ⑩

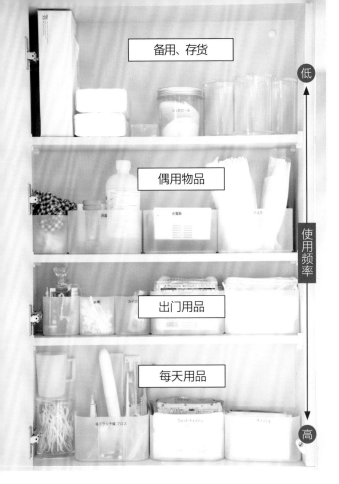

备用、存货

偶用物品

出门用品

每天用品

低

使用频率

高

卫生间

结合使用频率，搁架按层区分使用

洗脸后马上使用的物品放到面前的柜子里，坐下化妆时要用的物品放到腰部以下的抽屉内。

希望能快速拿取的物品放入隔板，纵向收纳
化妆用品多希望竖放。马上拿到，立马收好，心情值也会提高 ⑪

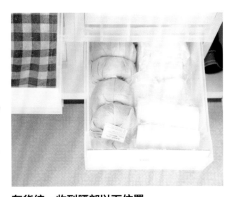

存货统一收到腰部以下位置
此类物品虽然拿取频率不高，但是若无存货，也会感到不便。拉开抽屉，剩余数量一眼可知 ⑫

亚克力箱用·丝绒内箱隔板·竖·灰色①

约长 15.5 cm× 宽 12 cm × 高 2.5 cm

① 丝绒内箱隔板·纵分·灰色——译者注

MDF 小物件收纳 3 层

约宽 8.4 cm× 进深 17 cm× 高 25.2 cm

※ 照片中与 MDF 小物件收纳 6 层组合使用

藤编盒 / 附提手② **·可叠放**

约长 22 cm× 宽 15 cm× 高 9 cm

② 带提手藤编盒——译者注

亚克力分隔架

约长 26 cm× 宽 17.5 cm× 高 16 cm

MDF 立式收纳架·A5 尺寸

约宽 8.4 cm× 进深 17 cm× 高 25.2 cm

聚苯乙烯隔板·大·4 片装

约长 65.5 cm× 厚 0.2 cm× 高 11 cm

18-8 不锈钢丝筐 4

约长 37 cm× 宽 26 cm× 高 18 cm

聚丙烯手提式收纳盒·宽型·白灰色

约长 32 cm× 宽 15 cm× 高 8 cm

聚丙烯立式文件盒·A4 用

约宽 10 cm× 进深 27.6 cm× 高 31.8 cm

可叠放亚克力掀盖 2 层式抽屉

约宽 17.5 cm× 进深 13 cm× 高 9.5 cm

可叠放亚克力箱·附隔板·半号·大

约长 17.5 cm× 宽 6.5 cm× 高 9.5 cm

聚丙烯加装用置物盒·浅型

约长 40 cm× 宽 18 cm× 高 11 cm

5分钟完成整理，二人上班族生活忙中有序

平时只做粗略归整，
制定规则不过细，自然
完成收拾。

数据	安房夫妇二人都是上班族，家
现居神奈川县	有一个处于活泼好动年龄的男
夫妇+1孩	孩。客厅功能性强大，能够节
公寓	约收拾时间，堪称房屋整理的
4室2厅1厨1卫	典范。共用物品自然分属夫妇
设计：	二人分别整理。
风格工房	

　　安房太太说："我曾经希望客厅有一个大大的书架。"在客厅整面墙上安装用于收纳的置物架，实现了这一愿望。并且，虽然夫妇二人都是上班族，还有一个2岁的男孩，但是客厅却井然有序，令人吃惊。

　　"两个人都很忙，所以我们的时间意识非常强"，安房太太介绍道。布玩偶、背包等常用物品只要"噼里啪啦"，往软盒里一丢即可。玩具、绘本直接放在架子上，就能完成整理。即使散乱无章，5分钟也能收拾完毕的原因在于，从钥匙到玩具，每件物品都有固定位置。在上班前、下班回家后容易杂乱的客厅内，使用地点旁边设有归置场所，这是很关键的一点。

　　厨房中也有能够轻松做到整洁有序的小心思。餐具洗完后，放到木制盒内，用时可直接端到餐桌上。这样的话，准备和整理都不用费工夫。但是，"冷冻食材会使用无印良品胶带，标上日期贴在上面"，为了能够缩短平时时间，就要花些心思。

　　什么需要做，什么不需要做，规划得当，就能毫不费力，愉快地完成整理。

客厅

餐桌转身就可够得着的位置上，摆着文具系列 ①②

客厅好打理
动线做决定

坐在椅子上，转个身就能完成入托准备工作。
用品成套放到篮内，三下两下，收拾完毕。

孩子的围嘴儿，放在转身就能够得着的位置

人员所在位置，就是物品的固定位置。需用物品存放抽屉，开合自如。每顿餐饭，
都从孩子的准备开始。戴上围嘴儿，备好毛巾，然后心情愉快地开动 ③

玩具收纳得当，
孩子可自行拿取

柔软的布玩偶可由孩子
自己随意拿取，摊开玩
耍 ④

背包立着放在下层，
便于查看

客厅属于生活中心区，
背包拥有固定位置 ④

使用层架，
丛书刚好分 2 层

客厅收纳用途广泛，需要
归置玩具、背包、书籍等
物品。尺寸可按书籍大小
调节，非常好用 ⑤

外出用钥匙放中间

外出前、回家后的必经
之处，设有随身必携物
品的临时存放处

厨房

布制用品挂在冰箱一侧，烹饪过程不会中断

所在位置从餐厅看不到，挂起来也不会碍眼。这种做法非常实用 ⑦

刀叉筷箸收到盒内，可以直接端出去

刀叉筷箸盒在厨房待命。洗完后放到盒内，吃饭时可以直接端到餐桌上 ⑥

瓶子挪个地方，看上去干净清爽

厨房瓷砖充满个性。洁白的容器放在外面，素净大方，瞬间拉高印象分 ⑧

可归置工具的盒子，简直不要太方便！

米色瓷筷笼
约直径 7 cm × 高 10 cm

木制盒
约长 26 cm × 宽 10 cm × 高 5 cm

用时希望能够马上拿到的工具统一归到亚克力盒内

冷冻食材时会用到的日期书写胶带和笔放到厨房。护手霜也一起收纳 ⑨

易于打理的"机制"
关乎厨房整洁度

需要反复使用的物品排成一排，摆在台面上。
工具收到容器内，确保作业空间。

衣帽间

家人衣帽间
划分使用，
准备工作也
流畅

一览无余的收纳法，
能够缩短忙乱早晨的
修饰打扮时间。

孩子用

家人共用

里面两排为童装。手帕等物、家人共用物品放在前方橱柜内，方便
拿取换用 ⑩ ⑪

最上层集中放置常用手帕和衣物

浅型抽屉，方便拿取小物。位于衣帽间入口正面，
动线流畅 ⑫

可移动隔板是衣物收纳的万能法宝

孩子衣服尺码种类不断变化，隔板可以移动，调节
分区，非常方便

藤编纸巾盒

约长 27.5 cm× 宽 14.5 cm× 高 8.8 cm

可叠放长方形藤编篮·半号·浅

约长 26 cm× 宽 9 cm× 高 6 cm

组合式收纳柜·抽屉式·2 层 / 橡木

长 37 cm× 深 28 cm× 高 37 cm

聚酯纤维棉麻混纺软盒·长方形·大

约长 37 cm× 宽 26 cm× 高 34 cm

置物架·半工字形搁架

长 37.5 cm× 宽 28 cm× 高 21.5 cm

木制盒

约长 26 cm× 宽 10 cm× 高 5 cm

铝制毛巾架·磁石款·约长 41 cm

承重：约 1.5 kg

PET 补充瓶·起泡型·白色·400 ml 用

约长 67.5 mm× 宽 67.5 mm× 高 176 mm

亚克力小物件搁物架

约长 13 cm× 宽 8.8 cm× 高 9.5 cm

聚丙烯衣柜收纳盒·抽屉式·大

约宽 44 cm× 进深 55 cm× 高 24 cm

聚丙烯收纳盒·横宽·大·3 层

约宽 55 cm× 进深 44.5 cm× 高 67.5 cm

聚苯乙烯隔板·大·4 片装

约长 65.5 cm× 厚 0.2 cm× 高 11 cm
※ 左页为旧规格

巧妙隐藏生活气息，
不用费心做整理

利用开放式收纳，
即使户型收纳空间不足，也能无忧收纳。

白色基调映衬着清新的观叶植物，这是北欧风的室内设计。S 太太的家优雅美观，就像一栋样板间，但令人意外的是，按照她的介绍，"整理用心，不过度用力"，却是房间保持窗明几净的秘诀。

　　S 太太悄悄告诉我，"因为两个人都上班，还有一个女儿，要是连抽屉里都井井有条，反而会很累（笑）。所以我们只管粗枝大叶地收拾一下，降低整理的门槛。"听她说，为了能够不费力气地保持收拾好的房间，他们设置了很多"临时存放处"，用以放置不知如何存放的物品。里面有不能马上整理的物品、存放位置尚未确定的物品、正在犹豫是否处理的物品，等等。规划出多个场所，如客厅搁架、和室抽屉等，就会从"每个房间始终都要完美无缺"的观点中解放出来。静下来的时候，只要收拾"临时存放处"中的物品就可以了，相当轻松。

　　"平时很忙，所以我们会把整理工作统一放到休息日进行。但是，回到家中，如果窗明几净，心情就会一下子放松下来"，S 太太心满意足地说道。

数据
现居埼玉县
夫妇+1孩
公寓
2室2厅1厨1卫
房屋辑录用户名：sachi
房屋编号：248373

S 太太的家属于北欧风，每个房间都放有一件大型收纳家具，用于集中归置物品。外面仅放植物和观赏用杂货。不管什么时候，房间总是整理得井井有条，待在里面，身心俱畅。

整理创意随处可见，
客厅看上去宽敞大气

**白色、木纹搭配黑色和灰色，
即使房间东西多，看上去也整洁有序。**

收纳盒重新组合后，大小
正合适 ① ②

客厅

每天使用的文具
用亚克力盒盛放，打造工作风
学校发的讲义、检查作业所用物品常备于妈
妈的位置 ③

壁挂式家具：收纳兼展示
上班准备工作必须关注时间，确认温湿度。既能成为桌边
装饰，又很实用 ④

独门技巧：垃圾箱放在走廊，收纳玩具
一直都很喜欢的厨房分类垃圾桶挪到走廊上，
转作收纳用。体积苗条，使用方便

每天使用的背包
顺手挂在椅子边上，
拿取方便
挂钩位置恰好，高度合
适，使用灵活度非常高。
仅此一件，瞬间提升收纳
效果 ⑤

**乐高按颜色整理，
孩子也能一起帮忙**

对于对颜色敏感的孩子来
说，这种方法能够激发整理
兴趣。零件细小，能够防止
丢失 ⑥⑦⑧

和室

**心仪杂货做开放式收纳，
欣赏的时候会陶醉**

刚好嵌进内侧的布艺盒属于手工制作。容器变身自然风，
彰显个人品位 ⑨

**容器尺寸与物品匹配，
收纳场所只要大致按层确定**

开放式搁架搭配收纳盒，整洁有序。办公
用箱盒和抽屉可用来收纳玩具 ⑩⑪

"临时存放处"使用置物架管理，
收拾好此处，整理工作即告完成

粗略规划好固定位置，后面只要放进去，就能完成整理。

卫生间

卫生间使用白色收纳加以统一看上去神清气爽

收纳空间不足，用置物盒来补充，狭窄空间也能变大。

水边收纳，
聚丙烯系列
大显身手！

聚丙烯收纳盒·抽屉式·深型·2个（附隔板）
约宽26 cm× 进深37 cm× 高17.5 cm

聚丙烯组合式4轮储物柜·1
约宽18 cm×进深40 cm×高83 cm
※照片中与"聚丙烯加装用储物箱"搭配使用

化妆工具细致区分，竖立放到易拿取位置

化妆用小物件竖立收到附隔板的盒内。可带盒一起拿到洗脸池镜前使用⑫

盒子横摆，毛巾立放，拿取方便

盒子横着摆放。叠好的毛巾立着收到盒内，拿取方便

① 聚丙烯小物品收纳盒 6 层·A4 纵
约宽 11 cm× 进深 24.5 cm× 高 32 cm

② 聚丙烯小物品收纳盒 3 层·A4 纵
约宽 11 cm× 进深 24.5 cm× 高 32 cm

③ 亚克力小物架
约长 17.5 cm× 宽 13 cm× 高 14.3 cm

④ 壁挂式家具·架子·长 44 cm·白橡木 ①
长 44 cm× 宽 12 cm× 高 10 cm

① 橡木——译者注

⑤ 壁挂式家具·挂钩·白橡木 ②
宽 4 cm× 厚 6 cm× 高 8 cm

② 橡木——译者注

⑥ 钢制组合式置物架·加装用撑架·小·灰色·高 83 cm 款用
※ 照片中搭配部件使用

⑦ 钢制组合式置物架·木制加装架·灰色·长 42 cm 款用
深 41 cm 款
※ 照片中搭配部件使用

⑧ 聚丙烯收纳盒·抽屉式·薄型·2 层
约宽 26 cm× 进深 37 cm× 高 16.5 cm

⑨ 可叠放长方形藤编篮·中
约长 37 cm× 宽 26 cm× 高 16 cm

⑩ 聚丙烯文件盒·标准型·宽·A4 用·白灰色
约宽 15 cm× 进深 32 cm× 高 24 cm

⑪ 聚丙烯收纳盒·抽屉式·深型
约宽 26 cm× 进深 37 cm× 高 17.5 cm

⑫ 聚丙烯化妆盒·附隔板·1/2 横型半号
约 150 mm× 110 mm× 86 mm

衣柜用时短，
早上出门不慌乱

在紧张忙碌的早上，从容不迫，没有慌乱。

拿取方便，短时间内做好准备的收纳秘诀是什么？我有幸得以聆听。

听介绍说，小宫家的房子找的时候花了 2 年，这是一栋非常精致的独栋住宅。她说，为了能够在忙碌的早上从容不迫，按照"妈妈早上不用过于劳神费力"的宗旨，建立收纳机制这一点非常重要。卧室和两间儿童房都备有衣柜，每人分别在自己房间内做好外出准备。"像睡衣、内衣等物品，全家统一放到卫生间，洗澡后马上就能穿上。"

她告诉我，每个房间的衣柜都统一用衣架挂着常穿的正装和外套，下层抽屉里放着叠好的正装、袜子，上方放非当季物品和背包。物品按照使用频率和着装动线布局，位置易于拿取。

"早上时间紧，所以头一天晚上搭配好外套和衬衫会很方便"，小宫太太把衣柜展示给我看。在她的专用衣柜内，外套、衬衫和配饰的 3 项搭配组合会事先整整齐齐放好！这样一来，还能节省烦恼如何搭配的时间。除此以外，设置一个"暂时存放处"也很有必要，可以临时放换下来的衣服。

数据

现居东京都
夫妇+2孩
独栋
4室2厅1厨
1卫

小宫家有一儿一女，尽管全家人一起生活，但避免凌乱的妙招却不计其数。通过确立共有空间规则，或是便于查找的收纳"可视化"，整理工作能够交由各人分别实施。

衣柜

物品位置马上可知，"可视化"很关键

要让家人帮忙打扫，
需要共享物品位置，
还要做到个人物品自行管理。

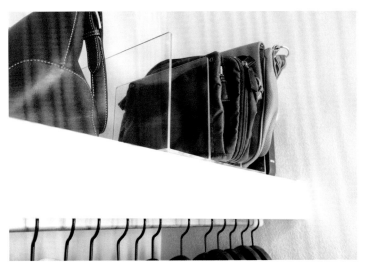

背包用隔板隔开竖放，防止翻倒和变形

如果搁架高度用手能够得着，最适合放包。用隔板隔开，相互独立，取放都方便①

纵向收纳，所有衣服一览无余

叠好的衣服外侧折痕朝上，当季衣服收纳于前排，方便选择②③

非当季衣物放到软盒内，换季工作也轻松

布艺盒在高处也能安全拿取。有提手，拿取方便④

"脱下来的衣服"也用篮筐收纳，固定位置

睡衣脱下来后容易随便放在床上或者地板上。有篮筐统一收纳，不再凌乱⑤

**外套和内衣搭配好挂起来，
早上不再有烦恼**

右前方的女上装朝右整齐排列，
相互不会钩挂。搭配的腰带和配
饰一起挂在衣架上 ⑤

衣柜

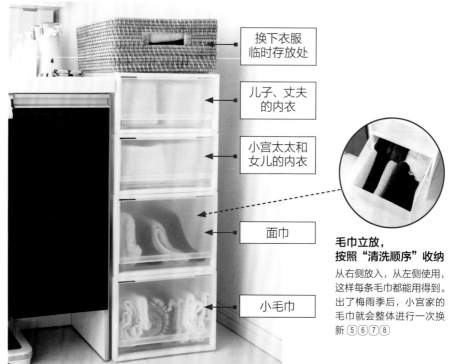

换下衣服
临时存放处

儿子、丈夫
的内衣

小宫太太和
女儿的内衣

面巾

小毛巾

**毛巾立放，
按照"清洗顺序"收纳**

从右侧放入，从左侧使用，
这样每条毛巾都能用得到。
出了梅雨季后，小宫家的
毛巾就会整体进行一次换
新 ⑤⑥⑦⑧

按照使用频率，
划分衣柜

衣架上挂每天要穿的服装，下面放可叠放衣物。

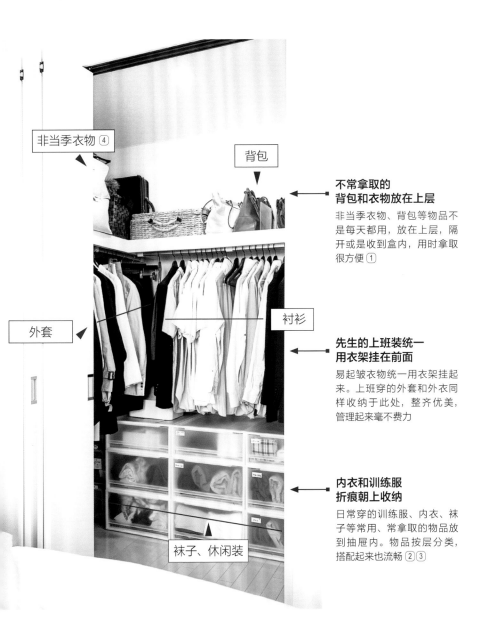

非当季衣物 ④

背包

外套

衬衫

袜子、休闲装

**不常拿取的
背包和衣物放在上层**

非当季衣物、背包等物品不
是每天都用，放在上层，隔
开或是收到盒内，用时拿取
很方便 ①

**先生的上班装统一
用衣架挂在前面**

易起皱衣物统一用衣架挂起
来。上班穿的外套和外衣同
样收纳于此处，整齐优美，
管理起来毫不费力

**内衣和训练服
折痕朝上收纳**

日常穿的训练服、内衣、袜
子等常用、常拿取的物品放
到抽屉内。物品按层分类，
搭配起来也流畅 ②③

小宫太太推荐的无印良品

----

①

亚克力分隔架 3 格

约 268 mm × 210 mm × 160 mm

②

聚丙烯收纳盒·抽屉式·横宽·小

约宽 55 cm × 进深 44.5 cm × 高 18 cm

③

聚丙烯收纳盒·抽屉式·横宽·大

约宽 55 cm × 进深 44.5 cm × 高 24 cm

④

聚酯纤维棉麻混纺·软盒·衣物盒·大

约长 59 cm × 宽 39 cm × 高 23 cm

⑤

可叠放方形藤编篮·中

约长 36 cm × 宽 35 cm × 高 16 cm

⑥

高度可变型无纺布分类盒·中·2 个装

约长 32.5 cm × 宽 15 cm × 高 21 cm
※ 第 118 页为旧规格

⑦

聚丙烯收纳盒·抽屉式·大

约宽 34 cm × 进深 44.5 cm × 高 24 cm

⑧

聚丙烯收纳盒·抽屉式·小

约宽 34 cm × 进深 44.5 cm × 高 18 cm

整理收纳顾问亲授
房间整理
8大收纳法则

整理后，东西如愿归位，

家务三下五除二就能完成。

这样，就能跟家人一起悠闲度日，

心情放松下来，就会涌现出打造房间的欲望。

整理工作虽然啰唆，

有的做法也会让室内设计充满情趣。

此处介绍一些收纳法则，它们适用于所有房屋，

每个人肯定都能找到简单方便的整理方式。

东西多也好，少也罢，

体现个人特色的房间都会令人心旷神怡、备感舒适。

不少家庭会因为房屋格局而感到苦恼：需要的地方没有收纳空间，即使有，也不够用。相反，也有很多这样的例子：收纳空间充足，但位置却太远。

按照人员活动规划位置非常重要。请大家建立整理法则，找到拉开门就能放进去的位置、可采取轻松姿势取放的高度。如果动作没有无用功，整理也会很轻松。

空间不大的地方，也可采用以下方法：在墙上安装挂钩或搁架，或者使用可挪动、可叠放的容器代替收纳家具。

一点要领

客厅是家人待的时间较长的地方，在这里，如果物品使用场所或者家人所在位置旁边有搁架，整理起来就会很方便

法则

1

按照日常活动，规划收纳场所

法则

2

设置"临时"指定位置

"下次还要用""回头要看"……这么想着，学校发的讲义、邮件、图书馆的书等物品就会一直放在外面，却不记得收起来。总是顺手一放的话，房间就很难做到整齐、有条理。

即便是不知何时就会扔掉的便条，规定好指定位置也很重要。需重新收拾的物品放在视线内，就是"请做整理"的信号。所以，请用看上去赏心悦目的收纳工具，规划出"临时"存放位置吧！

一点要领

最好放个托盘，做出纸张物品临时存放处，或者准备一个篮筐，安置打算转给他人的物品，然后利用空隙时间，重新加以整理

物品拥有方式发生变化的话，其数量和种类也会出现变化。虽然希望结合变化，对之前使用的收纳物品进行添置，或者转作他用，但因为无法实现，在整理上大感受挫的情况亦不乏其例。尽管如此，也大可不必彻底改头换面。能够结合家人成长或者搬家等情况，按照生活变化，更新收纳这一点非常重要。

更换箱中内容、放在其他房间使用或作其他用途、改变置物架组合、加装搁架……使用惯用工具就能满足需要的话，改造起来就会很简单。

一点要领
公寓、独栋……不管是什么样的住宅，最好都挑选大小容易匹配，具备一定灵活度的收纳用品，然后按照自家生活，做出自定义

法则
3
结合"生活"情况，加以更换

法则
4
一件收纳工具
只放一类物品

收到抽屉、箱子当中时，一格一类，分类收纳。如果再进一步结合物品特点加以区分，互相不重叠、不混杂，就会容易取放。不过，如果分类过细，家人收拾起来容易觉得麻烦，所以差不多即可。为了便于家人形成共识，这是一项非常重要的考虑。

除了按照物品分类以外，按照使用场景区分收纳场所亦可，比如准备起来很花时间的"饭盒系列""外出系列"等。这样的话，日常准备工作就会变得格外轻松，事情做起来得心应手。

一点要领
统一收到篮筐和箱盒里，方便拿到使用地点。用完后，只要原样放回，当场、立马就能完成整理

收纳：区分利用
"展示"与"隐藏"

不要着重于收到抽屉和书架当中的隐藏式收纳，如果希望收纳既能做到展示，又散发出优美的气息，就要发挥搁架的作用，在"隐藏"与"展示"之间取得平衡。不过，如果是无门的开放式搁架，虽然物品取放方便，但若数量和状态把握不好，反而也会容易杂乱无章，令人头疼。不过，倘若是搁架＋收纳用品，效果就会很出彩。

生活用品中的零碎物件、颜色形状各异的物品放到收纳用品当中，喜爱的物品和工具则摆出来作装饰；便于取放处搁放实用物品，显眼位置摆上饰品。布局时，头脑中需要具有整理和展示的概念。

> 一点要领
> 最好结合收纳物品和收纳方式，选择抽屉、箱盒尺寸，并加以组合

使用自带美观
属性的工具

挑选家具和收纳用品时，要从功能性和心灵充实感角度出发，把兼具二者的"用之美"作为标准。收纳内容物担任主角的透明收纳、没有花哨装饰的简约搁架等物，看着看着，不知不觉，就会陶醉其中……如能够令人产生这种感觉的工具，就会大大激发出自己的积极性，让房间保持恒久迷人。

此外，如果重视外观的美感，还建议选择事先带隔板的收纳用品。这样不仅内容物不会杂乱无章，一眼看上去，也会感觉井井有条。

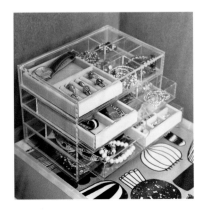

> 一点要领
> 透明收纳不仅好看，而且还具有内容物一目了然，便于拿取的优点

法则
7
只要规划好"固定位置"，收纳就会很简单

只要挂到固定位置，只要放置、放入……简单的收纳机制便于用完后放回，非常适合懒散一族。

其优点也不胜枚举。因为一个动作就能完成整理，所以日常收拾工作立刻就会变得轻松无比。在生活活动线上规划出收纳场所，无形中就能防止散乱。这种机制同样推荐给很难拿出大块时间整理的人士和忙碌人士。

此外，使用频率越高的物品越做简单收纳，还能发挥缩短整理时间的效果。

一点要领
　每天取放的背包、外套、钥匙等外出用品，尤其需要方便拿取，易于整理。这样，不管是忙碌的早晨还是满身疲惫回到家中，心情都会变轻松

法则
8
家人齐心合力，一起整理

把家中收拾得整整齐齐，清洁清扫……一个人做会很辛苦。既然这样，那就建立一个家人能够主动帮忙整理的机制吧！贴上标签，方便了解物品收纳位置；搁架整理分别交由家人自行实施——这样，就能巧妙做出分工。由于整理方式、物品持有方式的出发点因人而异，所以，忽略细节，是机制能够有效贯彻的秘诀。按人设出专用空间，尊重各人的不同做法，大家齐心合力，共同整理，说不定还会发现家人令人惊喜的一面：原来他（她）喜欢收拾！

一点要领
　要尊重家中每个人的"喜好"和讲究。因为就像冷热感觉存在差异一样，各人对物品的讲究各不相同。要把家庭和睦放在第一位

结语

结束采访后，我率先实践了部分做法。

在洗衣机上挂上磁石挂钩，把吊环挂在上面。
与此前挂在橱柜下方相比，
使用顺手程度并无大的变化。
但是，看上去不再令人觉得碍眼，
我再次亲身体会到，即便是小小的改进，也会给人带来喜悦。

有助于收拾整理的工具、希望纳入室内装饰的家具……
在我们的周围，这样的物品数量繁多。
从它们当中挑选适合自己的东西并非易事。
您应该有过茫然无绪和失败的经历。

每个人都会有生活的烦恼和憧憬。

本书中的出场人士也历经了同样的道路，

才遇到了无印良品这一令人长期爱不释手的产品品牌。

清楚个人特色，知晓自家特点，与物品持续相处，

就能打造出舒心惬意的生活。

我获得了许多灵感，

希望对于拿起这本书的您，

同样有所帮助。

本书承蒙众多人士协助，得以成书问世。

仅借此处，

向爽快答应采访的各位观察员及其家人，

以及摄影师青木章先生、大木慎太郎先生，

用笑容鼓励我的编辑静内二叶女士，

还有在书籍制作中给予鼎力相助的各位人士，表示我的感谢。

须原浩子

MUJIRUSHI RYOHIN DE KATAZUKU HEYA NO TSUKURIKATA
© HIROKO SUHARA 2017
Originally published in Japan in 2017 by X-Knowledge Co., Ltd.
Chinese（in simplified character only）translation rights arranged with
X-Knowledge Co., Ltd.

图书在版编目（CIP）数据

无印良品高效收纳法则 ／（日）须原浩子著 ；刘美
凤译. — 北京 ：北京美术摄影出版社，2019.7
ISBN 978-7-5592-0260-4

Ⅰ. ①无… Ⅱ. ①须… ②刘… Ⅲ. ①家庭生活—普
及读物 Ⅳ. ①TS976.3-49

中国版本图书馆CIP数据核字（2019）第047661号
北京市版权局著作权合同登记号：01-2018-1937

责任编辑：耿苏萌
助理编辑：于浩洋
责任印制：彭军芳

无印良品高效收纳法则
WUYINLIANGPIN GAOXIAO SHOUNA FAZE

［日］须原浩子　著

刘美凤　译

出　版　北京出版集团
　　　　北京美术摄影出版社
地　址　北京北三环中路 6 号
邮　编　100120
网　址　www.bph.com.cn
总发行　北京出版集团
发　行　京版北美（北京）文化艺术传媒有限公司
经　销　新华书店
印　刷　鸿博昊天科技有限公司
版印次　2019 年 7 月第 1 版　2021 年 9 月第 2 次印刷
开　本　880 毫米 × 1230 毫米　1/32
印　张　4
字　数　168 千字
书　号　ISBN 978-7-5592-0260-4
定　价　49.00 元

如有印装质量问题，由本社负责调换
质量监督电话　010-58572393